艺术设计专业教材　环境艺术设计

室内设计表达

赵廼龙　高文华　编

U0311791

天津出版传媒集团

天津人民美术出版社

图书在版编目（ＣＩＰ）数据

室内设计表达 / 赵旭龙，高文华编. -- 天津：天
津人民美术出版社，2021.12
艺术设计专业教材. 环境艺术设计
ISBN 978-7-5729-0332-8

Ⅰ．①室… Ⅱ．①赵… ②高… Ⅲ．①室内装饰设计
－高等学校－教材 Ⅳ．①TU238.2

中国版本图书馆CIP数据核字(2021)第265538号

艺术设计专业教材 环境艺术设计 室内设计表达

YISHU SHEJI ZHUANYE JIAOCAI HUANJING YISHU SHEJI SHINEI SHEJI BIAODA

出 版 人：杨惠东
责任编辑：刘 岳
助理编辑：边 帅
技术编辑：何国起
出版发行：天津 人民美术出版社
地　　址：天津市和平区马场道150号
邮　　编：300050
网　　址：http://www.tjrm.cn
电　　话：（022）58352963
经　　销：全国新华书店
印　　刷：天津美苑印刷制版有限公司
开　　本：889毫米×1194毫米　1/16
版　　次：2021年12月第1版
印　　次：2021年12月第1次印刷
印　　张：7
印　　数：1-1000
定　　价：78.00元

目录

第一章 室内快题设计概述

第一节 室内快题设计简述

手绘效果图表现了考生的综合素质，包含了审美、艺术素养、反应能力、个人风格、知识水平等。虽然在科技不断发展的今天，计算机绘图已经普遍，但手绘能力仍是基础本领，是否在设计美学的道路上走得更加长远，手绘能力是考察所必备的，我国的专业艺术院校对其相当重视。

快题设计是环境设计专业的必修课，对培养学生的设计能力与设计表达有着十分重要的意义。快题设计是学生与判卷老师必备的沟通语言，它可以让老师快速地了解学生的专业能力。室内快题设计内容包含有家装空间设计和公装空间设计两大类，家装又包含了卧室空间、客厅空间等，公装包含了展示空间、餐饮空间、办公空间、商业空间等，这都是考生手绘时需要练习并掌握的。准备快题设计要求学生对不同的环境场所进行分析，不仅是其平面布置、立面结构，还有三维效果。根据空间场所的设计绘制草图，结合设计说明、效果图、平面图、立面图、局部详图、材料分析图等进行表现。

室内设计快题，简要来讲是在规定时间内（3～6小时），根据快题大纲设计要求，借助尺子、铅笔、水笔、针管笔、草图笔、马克笔、高光笔等绘图工具，用手绘的形式绘制完成具有一定深度的室内设计方案。其目的在于考察学生快速表达设计方案的能力以及对专业基础知识的掌握与应用。对于将要考研的同学来说，也有检测学生是否具有认真审题、分析问题、解决问题的能力，以及其是否具备了继续深造、攻读研究生所需要的基本专业素养。

如何考量学生绘制的室内设计快题的好坏，最直接的方式是考察学生在试卷中的手绘表现、方案构思、概念创新等方面所展现出实质性的效果。老师在快题的判卷过程当中，主要根据三个方面：

①准确性：方案构思是否与题目相符合，设计思路、概念创新方案是否与任务要求相匹配；手绘表达、家具与空间比例是否和谐准确，光影与色彩搭配是否关系正确；文字表达与设计说明表述是否到位。

②完整性：按照卷面要求在规定的时间内将卷面绘画完整，不出现大面积空白或者明显的缺失现象。

③整体性：绘画内容完整、色调做到统一、布局安排合理。

判卷老师的第一印象会从这三点做出判断分档，直接影响了考生的成绩定位。

第二节 应试准备、工具介绍

俗话说："工欲善其事，必先利其器。"在绘图前，首先要明确绘画工具都有哪些，如何巧妙利用。工具的使用并不像公式一样有必须要求，除铅笔、橡皮、针管笔、马克笔等必须用具外，其他均可根据自己的需要与习惯添加使用。

一、纸

虽然绘画的纸类有很多，但是在快题训练中并非都用得上。

1. 绘图纸

快题设计的绘图纸相对素描纸来说更加光滑平整，且质地较厚，绘画效果不错，是设计工作学习中必备的一种绘图工具。

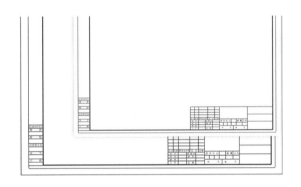

图 1-1 绘图纸

2. 硫酸纸

硫酸纸具有可透性，常用作拷贝或者练习草稿使用，表面光滑，铅笔在上面不易上色，可直接用水笔或者针管笔来绘画，在快题训练中，常用其拷贝同一物体，进行反复练习。

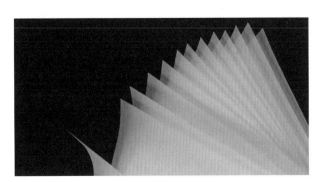

图 1-2 硫酸纸

二、尺

尺子在快题训练效果图中并非是必用品，技艺高超的设计师更喜欢徒手绘画的自然感，但对于考研的学生来说，考试时间有限，尺子的运用可以帮助考生更准确地把控透视，平面图、立面图也需要尺子来把握精准度。

1. 直尺

直尺的使用非常普遍，其作用就在于准确测量，并且用法极其简单。

图 1-3 直尺

2. 丁字尺

丁字尺常用在效果图绘画一开始，把握画面整体比例与位置，绘图纸越大，丁字尺的作用也就越明显。

图 1-4 丁字尺

3. 平行尺

需要绘制平行线时可以选择平行尺，在一点透视中经常被用到，平行尺自带一个滚轮，使用时先画一条直线 A，推动动轮到合适位置，再画一条 B，A 与 B 便是平行的了。

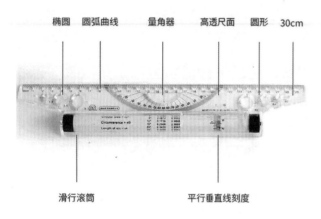

图 1-5 平行尺

4. 比例尺

比例尺常用在平面图、立面图与详图中，辅助考生计算换算过来的单位尺寸。在同一画幅中，比例尺越大，地图上所显示的尺寸范围越小，图中表现出来的内容也就越精细；同理，比例尺越小，地图上所显示的尺寸范围越大，图中表现出来的内容也就越粗略。

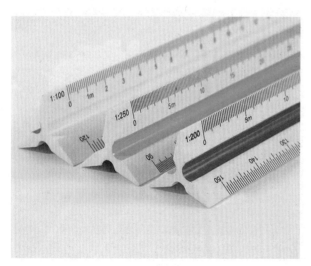

图 1-6 比例尺

三、笔

绘图笔有很多种，下面将做详细介绍：

1. 铅笔

铅笔是必不可少的绘图工具，分为木制铅笔和自动铅笔，在快题手绘过程中，常用在最初打稿，这就要求铅笔颜色不宜过重，建议使用绘图效果细致的自动铅笔，或者 2H、HB、2B 左右程度的木制铅笔，这样不影响画面干净度，且方便修改，使快题后期上色更加方便。

图 1-7 铅笔

图 1-8 铅笔色卡

2. 针管笔

针管笔笔头是一根细钢针，针管管径有 0.1~1.2mm 的各种不同规格，在快题绘画过程中至少准备三根不同规格的针管笔，使画面层次更加丰富。分别为细、中、粗，中间粗度用来正常绘画勾线，较细的用来绘画细节纹理，较粗的用来加强关键点。

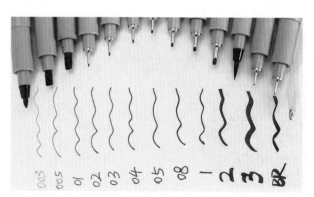

图 1-9 针管笔

3. 马克笔

马克笔表现是快题手绘表现中使用最多的表现形式，它的使用与水彩笔表现比较接近，都是由浅入深地画，并且颜色可以叠加。由于其颜色丰富、携带方便的特质，受广大设计专业人士喜爱。它有前后一粗一细两种规格的笔头，绘画中常用扁平粗的一头来涂抹上色，用细的一头来补充细节。马克笔的种类分为油性、水性、酒精三类，共同点是都极易挥发，所以使用完毕务必盖紧笔帽。相对来说，油性的马克笔稳定性强，上色后不容易变色，水性和酒精的马克笔颜色干后会变浅，多次叠加后的颜色会变浊，马克笔的使用与技巧还需多加练习才可掌握。

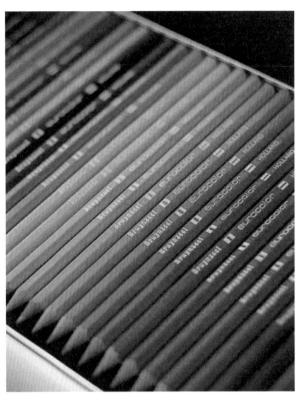

图 1-12 彩铅

图 1-10 马克笔

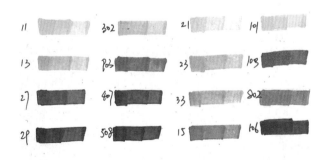

图 1-11 马克笔色卡（高文华绘制）

图 1-13 彩铅色卡（高文华绘制）

4. 彩铅

彩铅在快题手绘表现中常用作马克笔的补充工具，它比马克笔更容易掌握，且容易画出层次感，具有一定的可擦性，且大面积涂抹可起到统一画面的效果。

第二章 手绘基础强化训练

第一节 画线手感练习

一、姿势

   绘画练习时，坐姿的正确与否是非常重要的，保持一个正确良好的握笔姿势和坐姿，对提高手绘的效率是很有帮助的。平常来说，人的视线应该尽量与台面保持一个垂直的状态，绘画时以手臂带动手腕用力，必要时可以站起身来，站立绘画。

   线条的训练要求用笔在纸上运动自如，灵活掌控，而不是使劲儿戳或者虚着描。线条要肯定，不能出现来回重复描的现象。

图 2-1 不同类型的线条练习（高文华绘制）

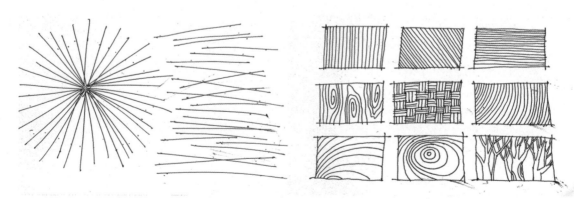

图 2-2 手绘线条基础练习（高文华绘制）

图 2-3 手绘线条基础练习（高文华绘制）

图 2-4 不同类型的线条练习（高文华绘制）

二、直线

线条的练习，是手绘的基础。每个初学者都应该重视线条的练习，做到准确、工整、快速。

一般来说，线条可以徒手或者借助工具来绘画。借助直尺等工具表现出来的线条相对比徒手绘线，更加规矩，但有时也显得死板缺乏个性。手绘直线用来表示水平线、垂直线以及斜线等。

图 2-5 空间线条表现 1（高文华绘制）

三、曲线

垂直线条和水平线条要保持平直，还需注意的一点是，下笔要肯定，不磨叽，要流畅，不犹豫。

手绘表现中，曲线的运用是整个手绘表现里比较有活力的因素，画得好，整幅画都会灵气起来。有张力、有弹性的曲线离不开大量的练习，练习曲线时，要更加注意一气呵成，果断有力，不能出现"描"的现象。

图 2-6 空间线条表现 2（高文华绘制）

第二节 透视篇

当我们观察景物时，由于我们站立的高低、注视的方向、距离的远近等因素，景物的形象常常与原来的实际状态有了不同的变化。同样高的房屋变得愈远愈低，同样宽的道路变得愈远愈窄，正方形变成梯形或菱形，这种现象称为透视。

透视图的特征：一是近大远小；二是不平行于画面而相互平行的直线的透视愈远愈相互靠拢，到无穷远时消失于一点。

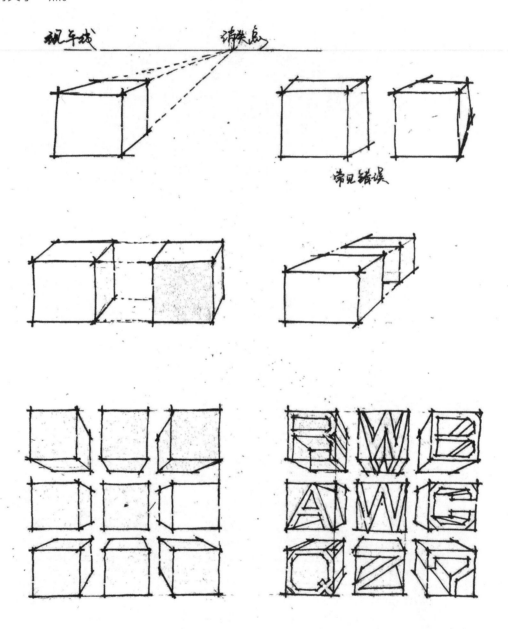

图 2-7 一点透视图 （赵晖绘制）

一、一点透视

一点透视又叫平行透视。以立方体为例，如果立方体有两组主向轮廓线画面平行，叫作平行透视。

平行透视的透视规律：平行透视只有一个主向灭点。

1. 一点透视详解与步骤

一点透视的特点：画面横平竖直，消失于同一个消失点。能够表现主要立面的真实比例关系，变形较小，适合表现大场面的纵深感。空间特点庄严、稳重、纵深感强。

注意事项：一点透视在室内效果图表现中视平线一般定在整个画面靠下的 1/3 左右位置。

图 2-8 照片

步骤一：首先要注意画面的构图，确定一点透视的空间，确定内框的大小和位置，明确视平线 HL 的高度，确定消失点在画面左右的位置，而后在视平线上找到消失点。将空间中陈设物体正投影在地上确定（此步骤关键在于根据图片的空间尺度确定空间的进深感）。

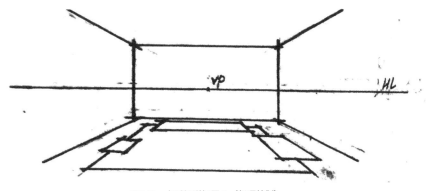

图 2-9 一点透视详解图 1 （赵晖绘制）

步骤二：参考视平线 HL 的高度，确定相应的陈设物体的高度以体块的形式表达出来，可以由前到后进行。（此步骤一定要注意物体与物体、物体与空间之间的比例关系）

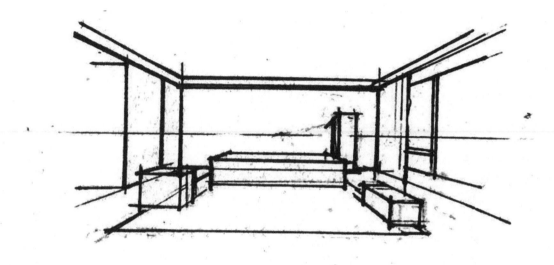

图 2-10 一点透视详解图 2 （赵晖绘制）

步骤三：继续深入画面，通过"加、减法"勾勒出物体的结构与纹理，之后去掉多余的辅助线，深入刻画家具陈设等物品，最后完善构图，强化结构及画面主次虚实关系。

图 2-11 一点透视详解图 3 （赵晖绘制）

2. 客厅空间表现步骤

在设计行业中，手绘是学习和工作中不可或缺的技能，以设计草图为主，贯穿了整个设计过程。比如从前期项目分析解读，到中期方案初步构思，再到最后绘制出设计方案，是一个完善的过程，也是设计师必备的职业技能。手绘作为设计师必备的职业技能可以让我们更高效地将设计意向反映出来，省去了很多前期设计过程跟甲方交流不够而造成的前期投入。

图 2-12 照片

步骤一：明确视平线的高度；明确消失点在画图左右的位置，而后在视平线上找到消失点；确定内框的大小和位置（此步骤关键在于控制的空间的进深）；连接内框角点和消失点，确定空间的围合立面。

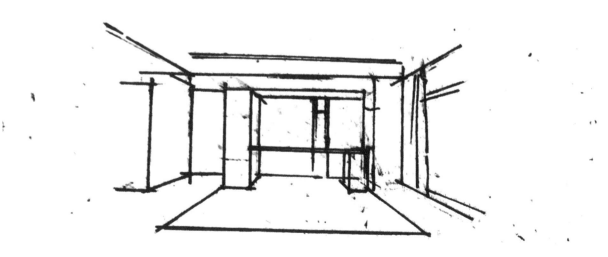

图 2-13 一点透视步骤图 1（赵晖绘制）

步骤二：深化前一步骤，将空间中墙面和天花板画出来，地面的家具和地毯等陈设物品要整体地概括为几个体块的关系。这一步骤要时刻注意连接的消失点。

图 2-14 一点透视步骤图 2（赵晖绘制）

步骤三：最后阶段，将画面中的绿植和陈设物体的投影逐步刻画，增强空间的体块关系和空间使用性质的表达。

图 2-15 一点透视步骤图 3（赵晖绘制）

图 2-16 室内空间精细线稿表现图 1 （高文华绘制）

图 2-17 室内空间精细线稿表现图 2 （高文华绘制）

二、两点透视

两点透视又叫成角透视，以立方体为例，如果立方体的两组直立面都不与画面平行，而成一定夹角时的透视，叫作成角透视。

两点透视的透视规律：两点透视有两个灭点。

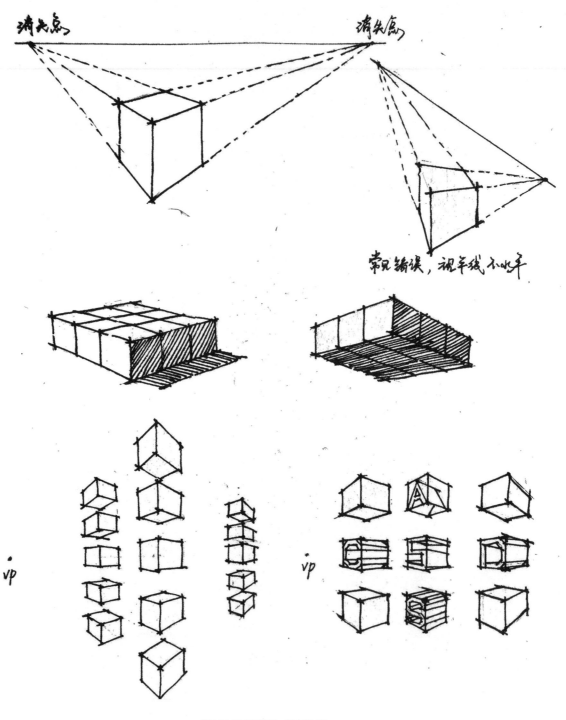

图 2-18 两点透视图 （赵晖绘制）

1. 两点透视详解与步骤

两点透视特点：画面灵活并富有变化。适合表现丰富、复杂的场景。

注意事项：两点透视的运用范围较为普遍，因为有两个消失点，运用和掌握起来比较困难。应该注意两点消失在视平线上，消失点不宜定得太近，在室内效果图表现中视平线一般定在整个画面靠下的 1/3 左右位置。

图 2-19 照片

步骤一：根据图片尺度确定好构图及空间尺度，定好视平线高度及两个消失点的位置（消失点不在画面内），同时将空间中的陈设物品正投影在地面上确定出来。

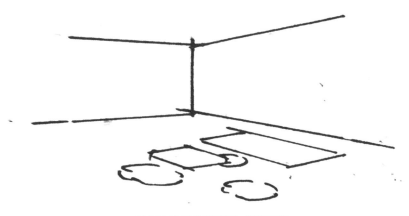

图 2-20 两点透视详解图 1（赵晖绘制）

19

步骤二：参考视平线 HL 的高度，根据图片确定相应的陈设物体的高度，连续相应的消失点以体块的形式表达出来。

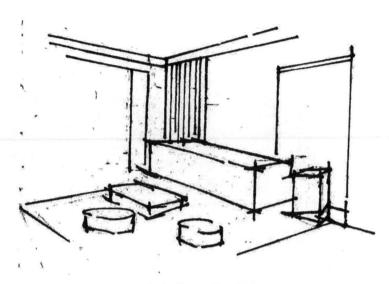

图 2-21 两点透视详解图 2（赵晖绘制）

步骤三：在体块基础上勾画出物体的结构与纹理，去掉多余的辅助线，深入刻画家居陈设等物品，最后完善构图，强化结构及画面主次虚实关系。

图 2-22 两点透视详解图 3（赵晖绘制）

2. 两点透视卧室的画法

两点透视的图比较困难，尤其是视点不容易定出来。我们画图的时候视点往往都在纸面之外。这张图为了方便初学者学习，视点在纸上还是可以找到的。跟一点透视一样，两点透视图的视点也不要定得太高。

图 2-23 照片

步骤一：定好参考视平线 HL 的高度，根据图片确定相应的陈设物体的高度，连续相应的消失点以体块的形式表达出来。

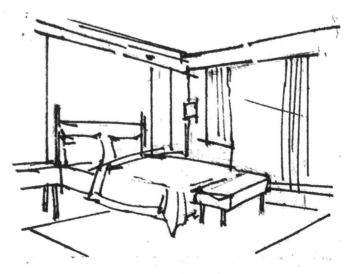

图 2-24 两点透视步骤图 1（赵晖绘制）

步骤二：深化前一步骤，将空间中墙面和天花刻画出来，装饰物品的大小位置定好。

图 2-25 两点透视步骤图 2（赵晖绘制）

步骤三：逐步完善空间的内部结构，并适当画出背光的暗部和物体的投影，注意不可过度刻画，要为上色留余地。

图 2-26 两点透视步骤图 3（赵晖绘制）

第三节 上色基础篇

一、颜色基础介绍

1. 三原色

三原色由三种基本原色构成，颜色是指不能通过其他颜色的混合调配而得出的"基本的"红、黄、蓝。

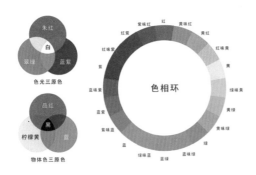

图 2-27 三原色

2. 补色

补色又称互补色，如果那两种颜色混合后形成中性的颜色，这两种色彩为互补色，如黄和紫、蓝和橙、红和绿均为互补色。色环中形成 180 度的两个互为对比的颜色并置在一起时，视觉上加强了饱和度，显得色相、纯度更加强烈。

3. 邻近色

色相环上任选一色，与此色相距 90 度，或者彼此相隔五六个数位的两色，都称为邻近色。如红色与黄橙色、蓝色与黄绿色等。

邻近色之间往往是你中有我，我中有你。比如朱红与橘黄，朱红以红为主，里面略有少量黄色，橘黄以黄为主，里面有少许红色，虽然它们在色相上有很大差别，但在视觉上都比较接近。在色轮中，但凡在 90 度范围之内的颜色都属邻近色。

图 2-28 邻近色展示图

图 2-29 光源色展示图

4. 光源色

由各种光源色（标准光源：白炽光，太阳光，有太阳时所特有的蓝天的昼光）发出的光，光波的长短、比例性质不同，形成不同的色光，叫作光源色。

5. 固有色

习惯把自然阳光下物体本身呈现出来的色彩效果综合成为固有色，严格说，固有色是指物体固有的属性在常态光源下呈现出来的色彩。

6. 环境色

环境色指在各类光源（比如日光、月光、灯光等）的照射下，环境所呈现的颜色。物体表现的色彩由光源色、环境色、自身色三者颜色混合而成。所以在研究物体表现的颜色时，环境色和光源色必须考虑。

图 2-30 黄色调环境色展示图

图 2-31 红色调环境色展示图

二、马克笔上色技法

1. 平移

平移是马克笔绘画最常用的技法，一张图上70%的颜色都是用这种方法铺满的。平移下笔的时候，笔头的宽面要完全地压在纸面上，然后快速果断地画出。在收笔抬笔的时候也不要犹豫，更不可长时间地停留在纸面上，因为马克笔在纸面停留的时间越长，颜色就越深，而笔触也会向四周扩散开来。在这里提到马克笔的叠加性。同样一支马克笔，在纸面的同一个位置画两遍会比画一遍颜色更深。

图 2-32 马克笔上色技法 平移（赵晖绘制）

2. 线

马克笔画线的用途，主要在于过渡颜色，多与平移一起搭配使用。用马克笔画线同样需要果断，也需要画得细一些。不需要有起笔，通常一种颜色的过渡线有一两根即可。如果太多反而会有画蛇添足的感觉。

图 2-33 马克笔上色技法 线 1（赵晖绘制）

图 2-34 马克笔上色技法 线 2（赵晖绘制）

3. 点

马克笔的点是比较灵活的，也是比较复杂的。很多读者在处理点的时候都比较头疼。马克笔的点多用于一些特殊材质的过渡，以及植物的刻画。在画点的时候，点要圆润、平稳、自然，要按照平面构成的原理来处理点的排列。通常采用"以画带点"的方式进行刻画。

图 2-35 马克笔上色技法 点（赵晖绘制）

4. 斜推

斜推的笔法类似于平移，但它主要是处理有菱形的地方，如带有透视感的地面或者建筑的底面等。可以通过调整笔头的角度来调节笔触的角度和宽度。

图 2-36 马克笔上色技法 斜推（赵晖绘制）

5. 扫笔

扫笔是指在笔运行的过程中快速地抬起，使笔触在纸面上留出一条过渡的"尾巴"。这种技法多用于处理画面边缘和需要柔和过渡的地方。扫笔只能使用浅颜色，深色在扫笔的时候很难处理。扫笔也多与彩铅结合使用。

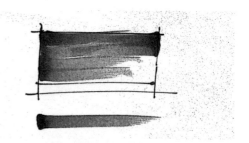

图 2-37 马克笔上色技法 扫笔 1（赵晖绘制）

图 2-38 马克笔上色技法 扫笔 2 （赵晖绘制）

6. 马克笔渐变上色

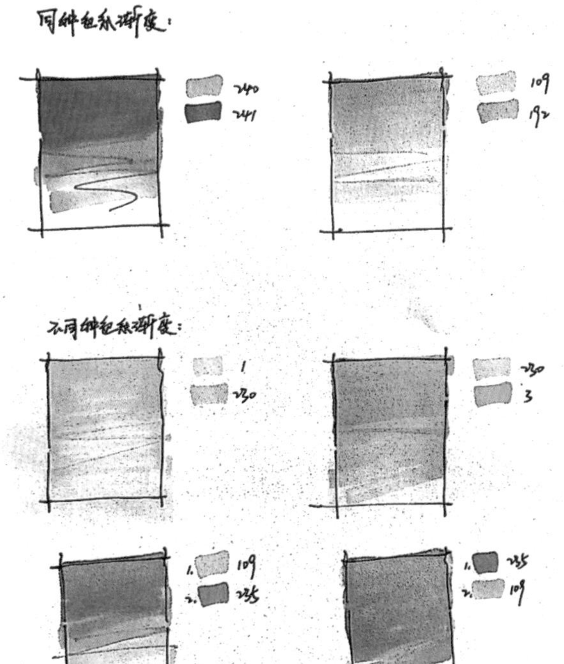

图 2-39 马克笔上色技法 同色系渐变 （赵晖绘制）

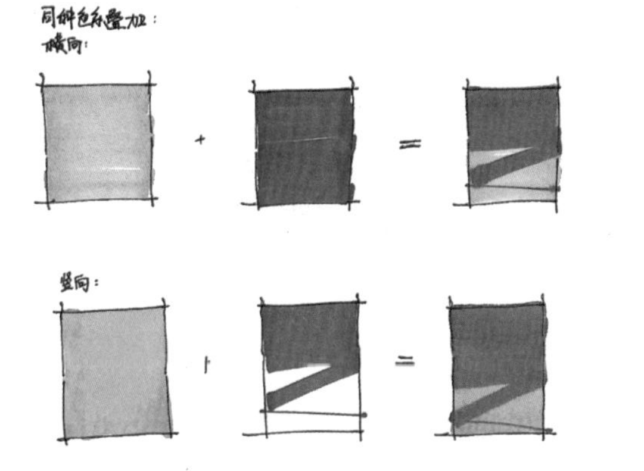

图 2-40 马克笔上色技法 同色系叠加（赵晖绘制）

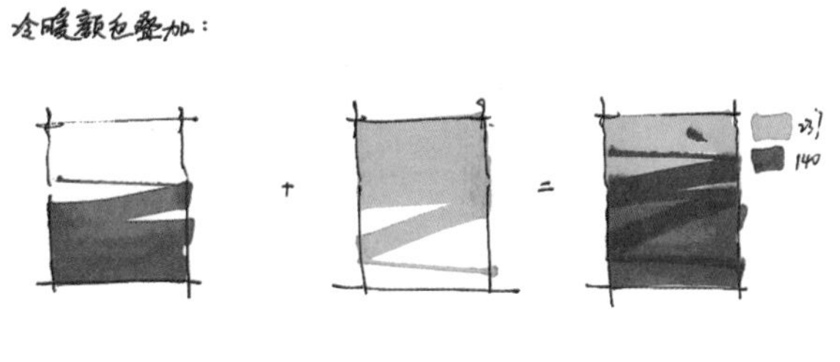

图 2-41 马克笔上色技法 冷暖颜色叠加 （赵晖绘制）

7. 颜色组合图

巧妙地运用色彩，能使作品增添光彩，给人的印象更强烈、更深刻，塑造的艺术形象能更真实，更准确地表达生活和反映现实。

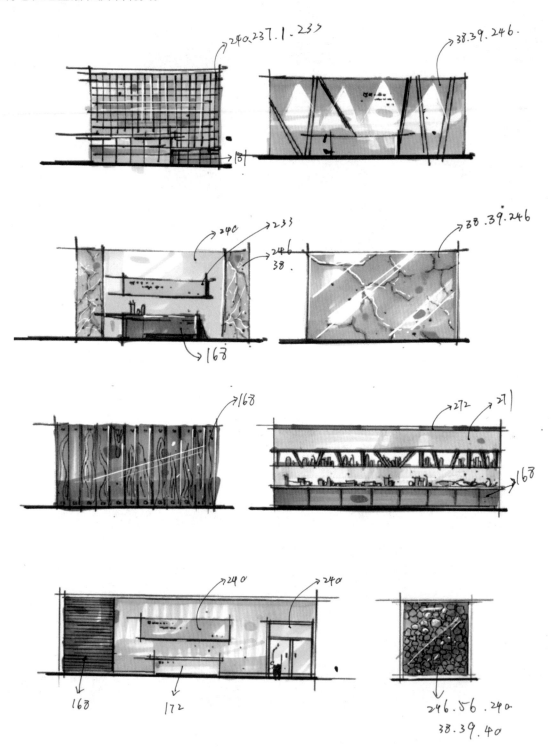

图 2-42 立面手绘效果图 1 （赵晖绘制）

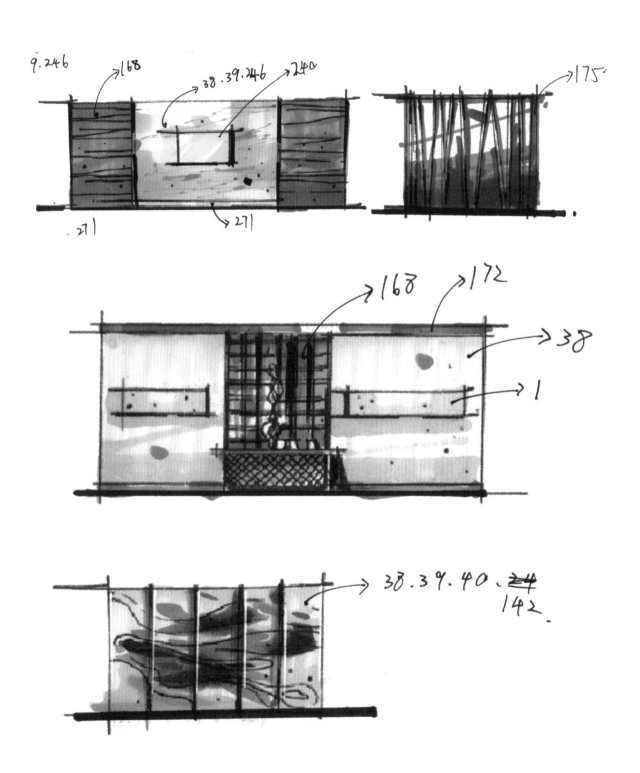

图 2-43 立面手绘效果图 2 （赵晖绘制）

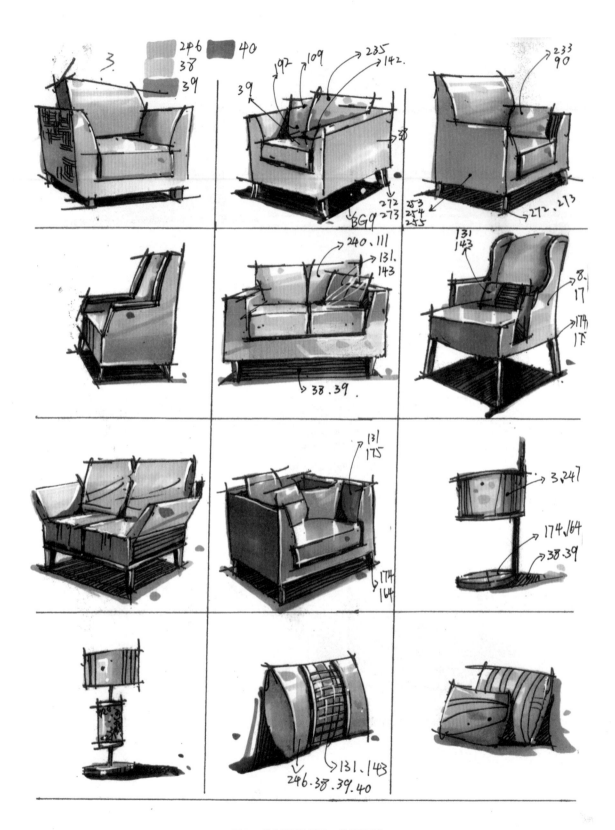

图 2-44 单体手绘效果图 1（赵晖绘制）

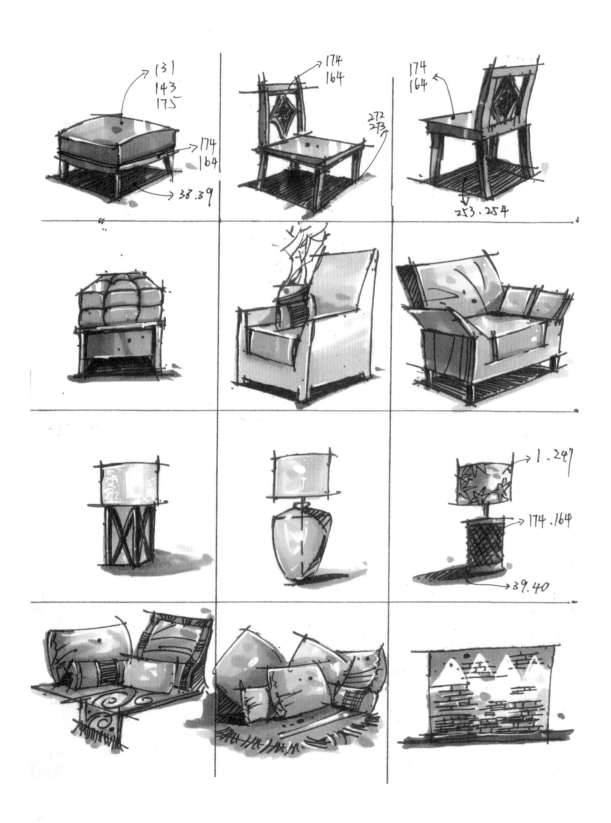

图 2-45 单体手绘效果图 2 （赵晖绘制）

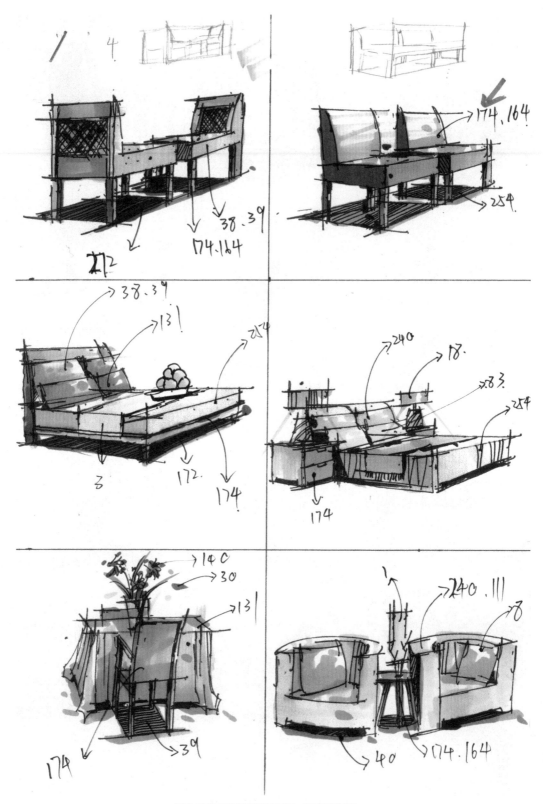

图 2-46 组合家具手绘效果图 1 (赵荣荣绘制)

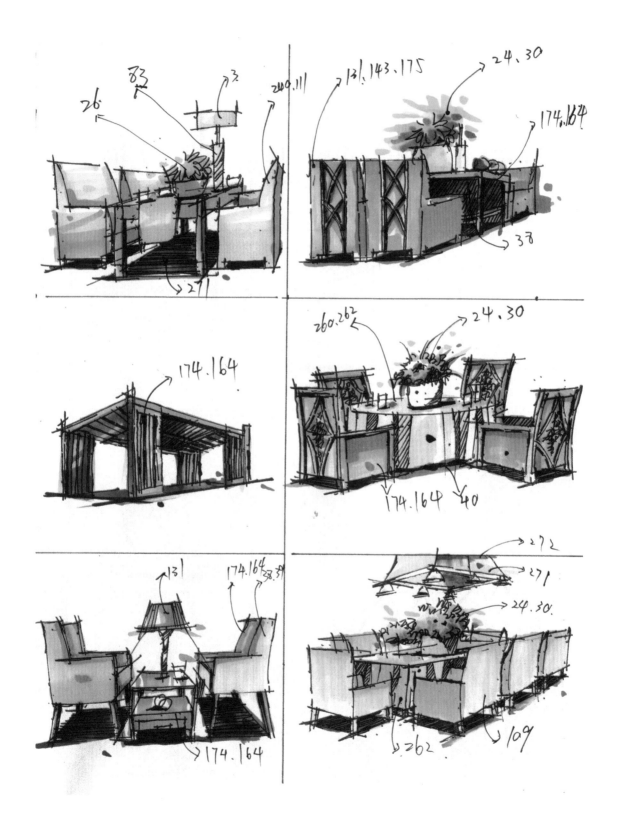

图 2-47 组合家具手绘效果图 2 （赵荣荣绘制）

图 2-48 沙发手绘效果图 （赵晖绘制）

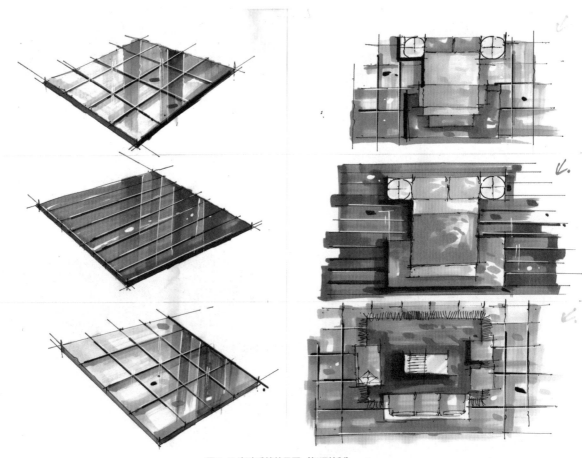

图 2-49 瓷砖手绘效果图 （赵晖绘制）

第四节 家具配饰手绘展示篇

一、桌椅、床、沙发等家具

室内空间中，透视图的种类很多，主要是按灭点的数量和位置来划分为一点透视、两点透视等。透视的运用非常灵活，可以合理地表达出空间透视关系。

室内装修风格各异，使用的装饰材料不同，在表现手法上，有不同的处理方式。

1. 家具单品

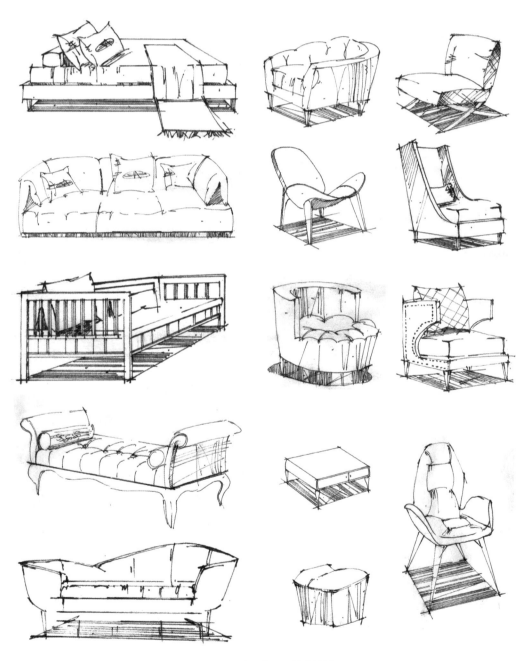

图 2-50 家具单品 1（李淼绘制）

图 2-51 家具单品 2（李淼绘制）

2. 家具组合

图 2-52 家具组合 1（李淼绘制）

图 2-53 家具组合 2（李淼绘制）

图 2-54 家具组合 3（李淼绘制）

3. 家具组合步骤图

图 2-55 照片

　　首先确定图片内物体的视线高度，并根据消失点位置推出物体体积形态。根据图片画出物体的形体结构以及纹理，擦除多余的辅助线，完善整体构图。

图 2-56 家具组合勾线图（李淼绘制）

先利用浅色给物体铺上大色调，然后局部色彩加重使物体具有明暗关系。

图 2-57 家具组合上色图（李淼绘制）

3. 家具组合步骤图

图 2-58 照片

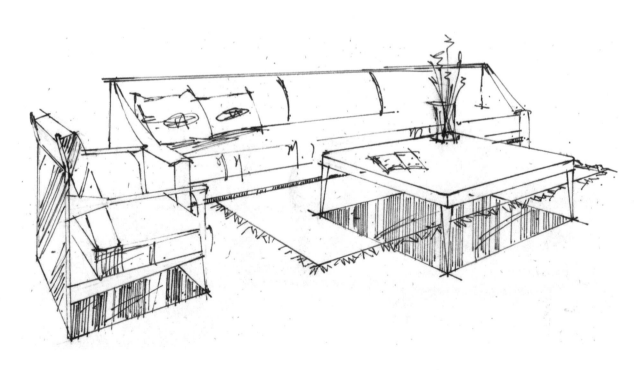

图 2-59 桌椅家具组合勾线图（李淼绘制）

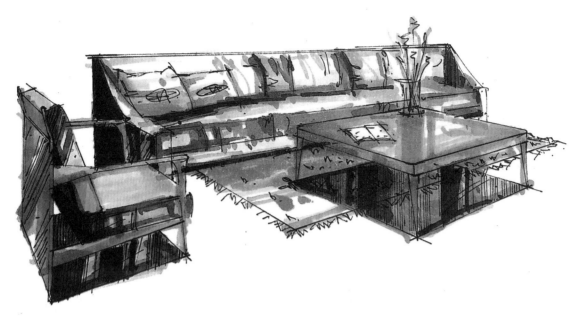

图 2-60 桌椅家具组合上色图（李淼绘制）

二、绿植

1. 单体

图 2-61 绿植单体 1（李淼绘制）

图 2-62 绿植单体 2 (李淼绘制)

2. 绿植组合步骤图

图 2-63 照片

首先确定图片内绿植的视线高度，并根据消失点位置推出绿植体积形态。根据图片画出绿植的形体结构以及纹理，擦除多余的辅助线，完善整体构图。

图 2-64 植物小品勾线图（李淼绘制）

先利用浅色给物体铺上整体色调，然后局部色彩加重使植物具有明暗关系。

2-65 植物小品上色图（李淼绘制）

3. 绿植组合步骤图

图 2-66 照片

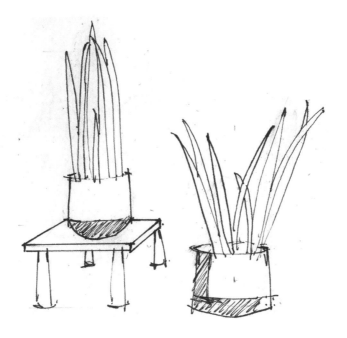

图 2-67 绿植小品勾线图（李淼绘制）

图 2-68 绿植小品上色图（李淼绘制）

三、装饰品

所谓室内装饰品，通常是指家庭室内陈设。其中包括家具、灯光、室内织物、装饰工艺品、字画、盆景、插花、挂物等内容。

在设计中布置装饰工艺品时，一定要注意构图，首先要对画面中的内容有比较完整的认识，考虑装饰品与家具的之间的关系，以及它与空间宽窄的比例关系。同时注意装饰品之间的固有色深浅对比、整体的黑白关系等。

图 2-71 装饰单品 3（高文华绘制）

1. 装饰单品

室内绿植通常在整个室内布局中起到画龙点睛的作用，在室内装饰布置中，我们常常会遇到一些死角不好处理，利用植物装点往往会起到意想不到的效果。如在楼梯下、墙角、家具转角处或者上方、窗台或者窗框周围等的处理，利用植物加以装点，可使空间焕然一新。

在基础表现训练阶段，可分类做一些单体练习和家具陈设组合练习，如：不同类型、不同颜色不同式样的沙发、桌椅、床柜、灯具、布艺织物等。平时还应注意多搜集素材，练习各种式样的陈设饰件、配饰植物及配饰小品的表现技法，在日后的室内空间表现图中，适当地、合理巧妙地配置一些装饰植物和配饰小品，往往能起到调节画面、烘托氛围的辅助作用。

图 2-69 装饰单品 1（高文华绘制）

图 2-72 装饰单品 4（贾云琪绘制）

图 2-70 装饰单品 2（高文华绘制）

图 2-73 装饰单品 5（高文华绘制）

图 2-74 装饰单品 6（贾云琪绘制）

图 2-75 装饰单品 7（贾云琪绘制）

图 2-76 装饰单品 8（贾云琪绘制）

图 2-77 装饰单品 9（贾云琪绘制）

2. 组合装饰品

在设计中布置装饰工艺品时，一定要注意构图，首先要对画面中的内容有比较完整的认识，考虑装饰品与家具之间的关系，以及它与空间宽窄的比例关系。同时注意装饰品之间的固有色深浅对比、整体的黑白关系等。

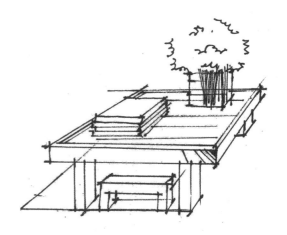

图 2-78 组合装饰品 1（贾云琪绘制）

图 2-79 组合装饰品 2（贾云琪绘制）

起稿时可采用三角形构图、C 字形构图、水平线构图等。

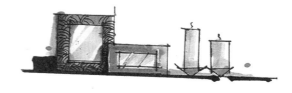

图 2-80 组合装饰品 3（贾云琪绘制）

三角形构图会使整个画面看起来更加和谐稳定，视觉中心突出。画面贵在变化而统一，稳定而有韵律，充实而不拥挤，把握住美学上"多样的统一"。

C 字形构图可以增加画面的纵深感，重点刻画主体物，可以使其更加突出，也让画面更有层次感。

图 2-81 组合装饰品 4（贾云琪绘制）

图 2-82 组合装饰品 5（贾云琪绘制）

在上色时，要注意色彩的搭配，以及色彩与空间的关系。如某一部分色彩平淡，可以放一个色彩鲜艳的装饰品，这一部分就可以丰富起来。在盆景边放置一小幅字画，景与字相衬，景与画相映，能给室内增添情趣。在空间狭小的室内挂一幅景致比较开阔的风景画，在视觉上能增加室内空间的深度。

图 2-83 组合装饰品 6（贾云琪绘制）

图 2-84 组合装饰品 7（贾云琪绘制）

在陈设组合表现中，马克笔的重点是强调色彩关系，注意微妙的色彩冷暖变化，特别是在暗部的色彩，即使在暗面也很有颜色感、通透感。用色方面注意陈设样式的统一性，固有色的体现十分重要，要特别留意其本身与环境搭配的空间感觉，用生动灵活的笔触使画面活泼耐看。

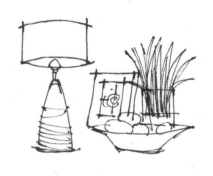

图 2-85 组合装饰品 8（贾云琪绘制）

图 2-86 组合装饰品 9（贾云琪绘制）

3. 组合装饰品布置图

色彩是服务于形体的，通过色彩的表现让形体更有力量感，真正在画面上立体起来。

图 2-87 组合装饰品布置图 1（贾云琪绘制）

不同材质有不同的表达手法，在画面中要注意对材质的刻画，这样会让整幅画丰富起来。

图 2-88 组合装饰品布置图 2（贾云琪绘制）

空间是画面表达的重点，阴影的透气性会增加画面中的空气感，从而使画面空间表现力更强。

图 2-89 组合装饰品布置图 3（贾云琪绘制）

织物和艺术画框有丰富的色彩和强烈的视觉冲击力，可以调节空间氛围。

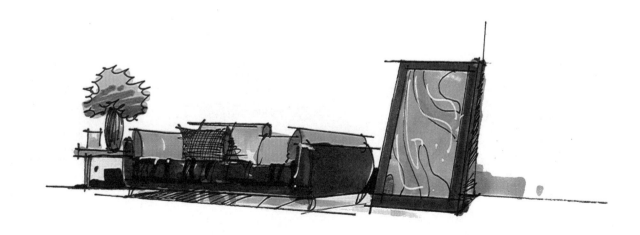

图 2-90 组合装饰品布置图 4（贾云琪绘制）

确定主题色调后，要有整体上色的概念，注意用笔的顺序，笔触要随着形体走，不能使画面凌乱。

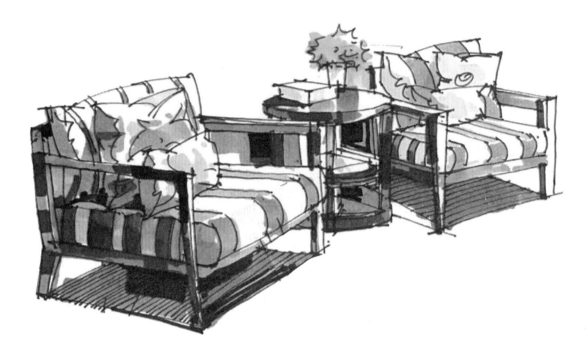

图 2-91 组合装饰品布置图 5（高文华绘制）

光感可以使画面具有氛围感，在刻画物体时要明确区分亮暗面。

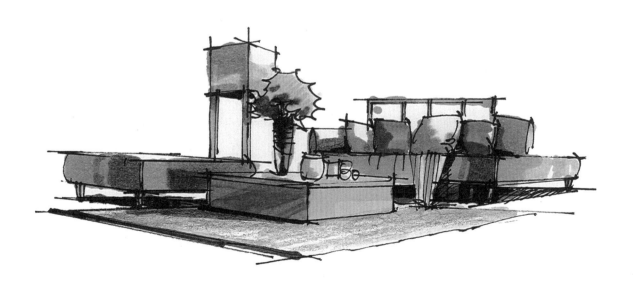

图 2-92 组合装饰品布置图 6（贾云琪绘制）

绘画时笔触要放松，增加画面灵动感，注意不要用过于火热的颜色来表达，尽量使用温和的颜色使画面更舒适。

图 2-93 组合装饰品布置图 7（高文华绘制）

画面要有主次之分，敢于留白，也要注意整体的黑白灰关系，避免呆板沉闷。

图 2-94 组合装饰品布置图 8（高文华绘制）

4. 组合装饰品步骤图

首先根据图片内物体的大小和位置，确定视平线的高度，将空间中物体在地面上的位置画出来。再参考视平线高度，确定出物体高度，并根据灭点位置推出物体体积形态。

图 2-95 照片

在体块的基础上画出物体的形体结构以及纹理，去掉多余的辅助线，完善整体构图。

图 2-96 组合装饰品步骤图 1（贾云琪绘制）

确定好空间色彩氛围，逐步对空间进行刻画，在铺大色时注意区分物体的亮暗面，先从空间主体上色，逐步延伸，同时要注意结构变化、笔触与形体的关系。

　　综合调整画面关系，局部加重色拉开对比度，增加画面空间感。

图 2-97 组合装饰品步骤图 2（贾云琪绘制）

图 2-98 照片

确定空间比例，用勾线笔将图片空间中的物体勾勒出来，刻画时注意透视关系，细节控制到位，构图要饱满，避免出现画面失衡的现象。

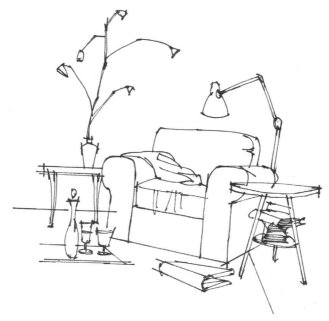

图 2-99 组合装饰品步骤图 1（贾云琪绘制）

确定画面色调，从明暗交界线的位置开始铺色刻画，不要一次性用过深的颜色，以免无法修改。

进一步刻画主体物，重点抓住画面主体物的黑白灰关系以及投影关系，保持固体色的同时注意渐变的过渡关系，尽量做到色彩和谐统一。

用笔触来调整画面整体关系，再次强调画面主次。最后用勾线笔、彩铅和修改液来刻画材质和高光变化。

图 2-100 组合装饰品步骤图 2（贾云琪绘制）

第三章 室内快题设计表现要素

第一节 室内平面图图例

1. 比例

图样的比例是指图形与实物相对应的线性尺寸之比。比例的大小是指比值的大小，如1∶50大于1∶100，常用的绘图比例如图。

总图	1:500		1:1000		1:2000
平面图	1:50	1:100	1:150	1:200	1:300
立面图	1:50	1:100	1:150	1:200	1:300
剖面图	1:50	1:100	1:150	1:200	1:300
局部放大图	1:10	1:20	1:25	1:30	1:50
配件及构造详图	1:1 1:2 1:5	1:10 1:15	1:20	1:25 1:30	1:50

图 3-1 图样比例标注示范

2. 图名及比例标注

图名标注在所标视图的下方正中，图名下画双划线，比例紧跟其后，但不在双线之内。比例的字高宜比图名的字高小一号或二号，字的底线应取平，如图。

平面图 1:100

图 3-2 比例标注示范（董琛绘制）

3. 字体

图样中的书写的汉字、数字、字母等必须做到：字体端正，笔画清楚，间隔均匀，排列整齐。字体的高度，汉字字高不小于3.5mm；数字、字母不小于2.5 mm。汉字应采用国家正式公布的简化汉字，用长仿宋体书写。字体高度与宽度之比大致为3∶2，并一律从左到右横向书写。各类书写字体写法示范如下：

(1) 汉字——长仿宋体示范

家具椅凳桌柜橱物品衣扶手折箱床软硬层座宽深高上下左右
前后低侧正单双底边面复中架旁背门搁板挂塑拼抽屉撑托压
塞角帽头横立嵌榫套方圆车红白设计制图描校对审批厂所室

图 3-3 长仿宋体示范

(2) 阿拉伯数字示范

1234567890　1234567890

图 3-4 阿拉伯数字示范

4. 图线

为使图样清晰，便于图样的准确表达，工程图中对于图线的名称、线性、线宽及用途均作出了规定，如图。

图线名称		线型	线宽	一般用途
实线	粗		b	主要可见轮廓线
	中		0.5b	可见轮廓线
	细		0.25b	可见轮廓线、图例线等
虚线	粗		b	见有关专业制图标准
	中		0.5b	不可见轮廓线
	细		0.25b	不可见轮廓线、图例线等
单点长画线	粗		b	见有关专业制图标准
	中		0.5b	见有关专业制图标准
	细		0.25b	中心线、对称线等
双点长画线	粗		b	见有关专业制图标准
	中		0.5b	见有关专业制图标准
	细		0.25b	假想轮廓线、成型前原始轮廓线
折断线			0.25b	断开界线
波浪线			0.25b	断开界线

图 3-5 线性画法

5. 尺寸标注

尺寸标注是图样中十分重要的内容，尺寸数字正确与否关系重大，必须按照标准规定正确标注。

(1) 不论比例大小，图样上所标注的尺寸均为实际尺寸，与图样大小及绘图的准确度无关。

(2) 图样上的尺寸单位必须以毫米为单位（标高及总平面除外），在图上不必写出"毫米"或"mm"单位名称。

(3) 物体的每一尺寸一般只标注一次,并且应标注在反映该结构最清晰的图形上。

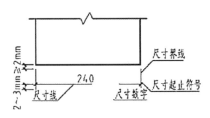

图 3-6 尺寸与标注示例

6. 指北针

画法如图 3-7 所示,指北针是用细实线绘制,图的直径为 24mm,指针指尖为北向,一般注明"北"或"N",指针尾部宽度宜为 3mm,若需要绘制较大直径的指北针时,指针尾部宜为直径的 1/8。

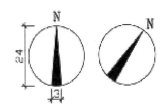

图 3-7 指北针画法

7. 标高

(1) 绝对标高:是以一个国家或地区统一规定的基准面作为零点的标高,我国规定以青岛附近黄海夏季平均海平面作为标高的零点,所计算的标高为绝对标高。

(2) 相对标高:以建筑物室内首层主要地面为零作为标高的起点,所计算的标高成为相对标高。

(3) 标高单位:标高数值以米为单位,一般注写到小数点后三位(总平面图中注写至小数点后两位)。底层平面图中室内主要地面的零点标高注写为 ±0.000。低于零点标高的为负标高,标高数字前加"—",如—0.530。高于零点标高的为正标高,标高数字前可省略"+"号,如 3.500。

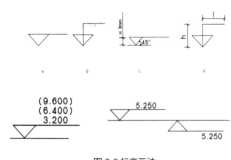

图 3-8 标高画法

8. 平立面图用品图例

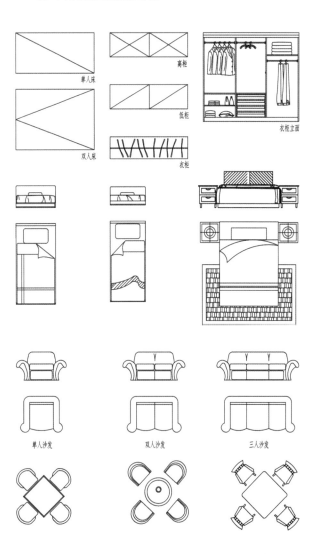

图 3-9 平立面图画法图例

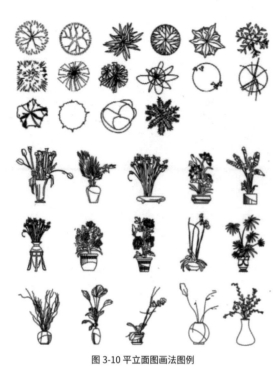

图 3-10 平立面图画法图例

9. 天花布置图灯具图例

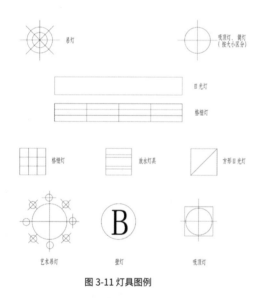

图 3-11 灯具图例

第二节 平立面图表现

1. 室内平面图的表达内容

(1) 反映楼面铺装构造、所用材料名称及规则、施工工艺要求等。

(2) 反映门窗位置及其水平方向的尺寸。

(3) 反映各房间的分布及形状大小。

(4) 反映家具及其他设施（如卫生洁具、厨房用具、家用电器、室内绿化等）的平面布置图。

(5) 标注各种必要的尺寸，如开间尺寸、装修构造的定位尺寸、细部尺寸及标高等。

(6) 为标示室内立面图在平面图上的位置，应在平面图上用内视符号注明视点位置、方向及立面编号。

内视符号种类和画法如图所示。

单面内视符号　　　双面内视符号　　　四面内视符号

图 3-12 内视符号画法

2. 室内平面图画法步骤

(1) 选定图幅，确定比例。

(2) 画出墙体中心线（定位轴线）及墙体厚度。

(3) 定出门窗位置。

室内平面图如图所示。

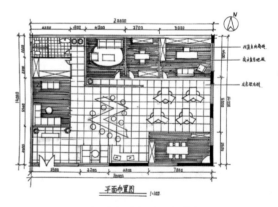

图 3-13 室内平面图画法示例（董琛绘制）

3. 室内天花平面图的表达内容

(1) 反映室内顶棚的形状大小及结构。

(2) 反映顶棚的装修造型、材料名称及规格、施工工艺要求等。

(3) 反映顶棚的灯具、窗帘等安装位置。

(4) 标注各种必要的尺寸及标高。

(5) 附属是时间图，如：空调口、烟感感应装置等。

4. 室内天花图画法步骤及要求

(1) 室内天花图一般采用与室内平面图相同的比例绘制，以便对照看图。

(2) 室内天花图的定位轴线位置及编号应与室内平面图相同。

(3) 室内天花图不同层次的标高，一般标注该层次距本层楼面的高度。

(4) 室内天花图线宽的选用与建筑平面图线宽是相同的。

(5) 室内天花图中的附加物品（如各种灯具等）应采用通用图例表示。

室内天花图与室内平面图的画法步骤相同。室内天花图示例如图所示。

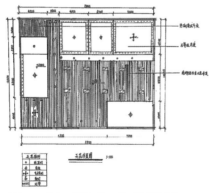

图 3-14 室内天花图画法示例 （董琛绘制）

5. 室内立面图的表达内容

(1) 室内立面图应按比例绘制。

(2) 反映室内立面轮廓、装修造型及墙面装饰的工艺要求等。

(3) 反映门窗及构件的位置及造型。

(4) 反映靠墙的固定家具、灯具及需要表达的靠墙的非固定家具、灯具的形状及位置关系。

(5) 标注各种必要的尺寸及标高。

6. 室内立面图的画法步骤

(1) 选定画幅，确定比例。

(2) 画出立面轮廓线及主要分隔线。

(3) 画出门窗、家具及立面造型的投影。

(4) 完成各细部作图。

(5) 注全有关尺寸，注写文字说明。

立面图画法如图所示。

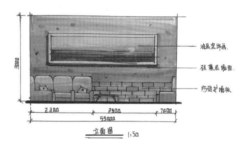

图 3-15 室内立面图画法 （董琛绘制）

第三节 详图表现

室内空间的造型形式的创新性、功能的实用性以及家居家具的比例合理性，是室内设计方案的任务和目的。透视图以其较为真实的描绘空间、三维立体的视觉效果，成为方案表达时不可缺少的图纸。室内设计方案中的效果图中最能体现效果的部分是空间最前面的墙面或陈设或家具。

一、家具细节表达

家具的构造体现在最前面的一排，一定要将第一排的家具画好画细，而且整个体块不宜太碎，要整体一些，材质效果表达要清楚。

图 3-16 家具表达步骤图 1 （柳春松绘制）

图 3-17 家具表达步骤图 2（柳春松绘制）

二、地面、墙面细节表达

地面的画法一定要能表达出地面的材质效果。地砖的画法是一定要给足反光，因为这样的地砖是偏亮的，所以要有一定的留白效果。

墙面在室内空间表达中非常重要，从类别可以分为材质墙面和无材质墙面，材质的墙面有木质、玻璃、墙纸、纹理等等，这些类型的材质墙面按照材质的表现方法去表现，表现时需要看整体空间色调去配颜色，同时需要考虑光感。

确定好空间颜色范围，在铺地面时先确定一个主色调从浅色开始入手，铺设地面的大体色调。

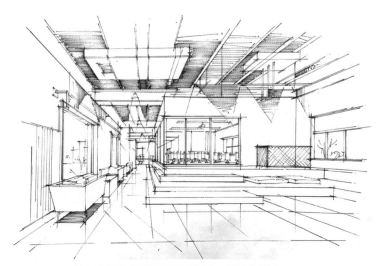

图 3-18 地面、墙面细节表达步骤图 1（柳春松绘制）

图 3-19 地面、墙面细节表达步骤图 2（柳春松绘制）

图 3-20 地面、墙面细节表达步骤图 3（柳春松绘制）

三、顶部细节表达

效果图的顶部是最能体现整体的厚重感的，所以极大部分效果图的顶部都是偏重颜色的，而且顶部的透视线的透视效果要偏大，这样画出来的视觉感受才舒服，图面更美观。

图 3-21 顶部细节表达 1（柳春松绘制）

图 3-22 顶部细节表达 2（柳春松绘制）

图 3-23 顶部细节表达 3（柳春松绘制）

图 3-24 顶部细节表达 4（柳春松绘制）

第四节 材料表现

一、木质表现

　　木材在整个室内设计装饰中运用极大，木质装饰包括原木装饰和人造木质装饰。天然木质花纹，纹理图案自然，变异性比较大，无规则；人造木质贴面的纹理基本为通直纹理，纹理图案有规则，具体作画时应注意木质的色泽和纹理特性，以提高画面的真实感。手绘木质材料基本为木质装饰面和木制家具。

图 3-27 木质纹理表现（柳春松绘制）

图 3-25 拼接木纹理表现（柳春松绘制）

图 3-28 木质家具（柳春松绘制）

二、玻璃与镜面表现

　　在室内效果表现中玻璃为一种常见材质，质感效果有透明玻璃、半透明玻璃和不透明的镜面玻璃。在表现玻璃效果时，必须先将玻璃后面的物体画出来（应注意不要因顾忌玻璃材质在前而弱化处理玻璃后的物体）。然后用灰色去压低纯度，最后用彩铅轻轻扫点玻璃本身的浅绿色和周围的反光色即可。

　　镀膜玻璃在表现时要有一种通透感，更要注重玻璃的反光效果。镜面玻璃表现时则要注重光感关系，一定要把反光和物体的映射突出出来，把握好"度"。

图 3-26 标准木纹理表现（柳春松绘制）

图 3-29 玻璃纹理表现（柳春松绘制）

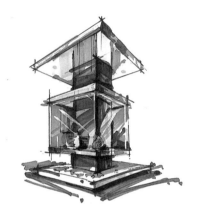

图 3-30 方形半透明玻璃效果（柳春松绘制）

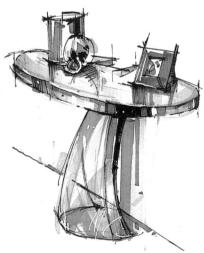

图 3-31 弧形半透明玻璃表现效果（柳春松绘制）

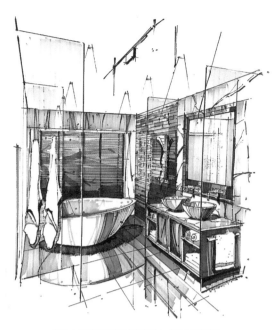

图 3-32 镜面玻璃表现效果 1（柳春松绘制）

图 3-33 镜面玻璃表现效果 2（柳春松绘制）

三、金属及深颜色材质表现

金属及深色金属材质表现难把握，但是也是有一定的规律。深色材质会受到环境光的影响而变化，比如强反射的喷漆玻璃、亮光石材和金属。在表现金属材质时首先用中灰度色调平涂；其次用黑色将明暗交界线处理出来；最后用深灰度色调处理，用彩铅涂环境色。

图 3-34 金属表现（柳春松绘制）

图 3-35 金属表现（柳春松绘制）

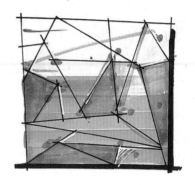

图 3-36 深色金属材质纹理表现（柳春松绘制）

四、石材表现

在室内设计中会大量使用的石材多是大理石、花岗岩等，少部分会使用一些文化石纹理做点缀。石材的表现多为平整光滑，多表现在瓷砖。

图 3-37 文化石（柳春松绘制）

图 3-38 亮面大理石（柳春松绘制）

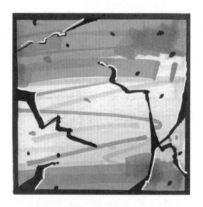

图 3-39 裂纹大理石（柳春松绘制）

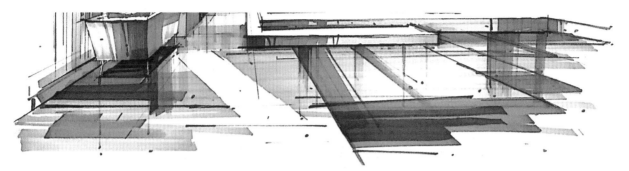

图 3-40 瓷砖纹理表现（柳春松绘制）

图 3-41 文化石材墙壁纹理表现（柳春松绘制）

图 3-42 砖石与大理石结合场景表现（柳春松绘制）

五、布艺表现

在现实生活中布艺织物给我们的感觉是绚丽多彩的，在具体的空间中装饰可使空间变得丰富有趣，布艺织物主要表现为地毯、窗帘、床单、抱枕等。布艺织物的表现手法应为随意、轻松，给人一种活泼的感觉，与其他硬材质形成一定的差异。

图 3-43 布艺家具表现（柳春松绘制）

图 3-44 布艺织物混合表现（柳春松绘制）

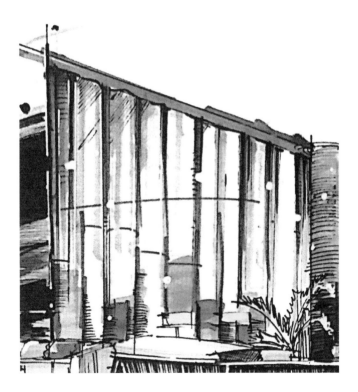

图 3-45 窗帘表现（柳春松绘制）

六、灯光表现

光分为人造光（如灯光）和自然光（如太阳光）。自然光对室内色彩的影响不是很大，在自然光的影响下，室内色彩才会呈现其基本的固有颜色。在表现日光时，主要是表现物体的暗部色彩和物体的投影等。而且物体在自然光的影响下受光面呈暖色调，而背光面和投影部分则呈现冷色调。当然，不管是人造光源还是室外自然光源都需要考虑其投射轮廓的透视。室内灯光的表现主要为筒灯、射灯和灯带。筒灯和射灯的映射轮廓大体是呈"V"字或者呈"八"字，画灯光的步骤是将外面一圈没有映射的部分先涂上，然后将发光点留白，最后用黄色等彩铅将剩余部分扫上。

图 3-48 射灯表现（柳春松绘制）

图 3-49 台灯表现（柳春松绘制）

图 3-46 灯光表现（柳春松绘制）

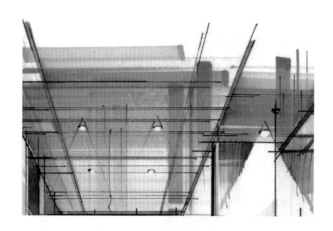

图 3-47 筒灯表现（柳春松绘制）

第四章 室内快题效果图及方案设计解析

第一节 室内快题设计概念分析

设计是一个从无到有的转化过程，是设计构思向实际方案转化的一种特殊的具象的表现形式。室内设计主要以图形语言作为表达手段，本身融合了科学、功能、艺术、审美等多元化要素。从概念到方案，再从方案到施工，从平面到空间，从装修到陈设，每个环节都有不同的设计专业内容，设计都是相通的，将这些内容高度统一才能在空间中完成一个符合功能与审美要求的设计。

快题设计是当前广大设计师、专业学生常用的一种表现手段。由于它具有快速创意、快速表现的特点，在研究生入学考试、公司应聘中常把它作为考查学生综合能力的一种方式。所谓快题设计，其特点是在规定的较短时间内完成方案的创意定位、初始草图与施工图表达以及效果图表现。

第二节 家居空间室内快题方案设计

家居设计简单来说，就是家庭居住环境、办公场所、公共空间或者是商业空间的整体陈设风格以及饰品设计搭配。随着人们生活水平提高，人们对家具设计的要求也越来越高。

在准备快题方案的时候，要学会一个空间多种变化，才能更有把握地应对考试。例如下图的客厅设计，在一个空间结构中，不同的软装细节设计，颜色搭配、绿色植物搭配，都会起到不同的效果。

图 4-1 家居客厅 一图多画 1（高文华绘制）

图 4-2 家居客厅 一图多画 2（高文华绘制）

图 4-3 家居客厅 一图多画 3（高文华绘制）

图 4-4 家居客厅（高文华绘制）

图 4-5 家居卧室（高文华绘制）

图 4-6 家居空间套题 1（高文华绘制）

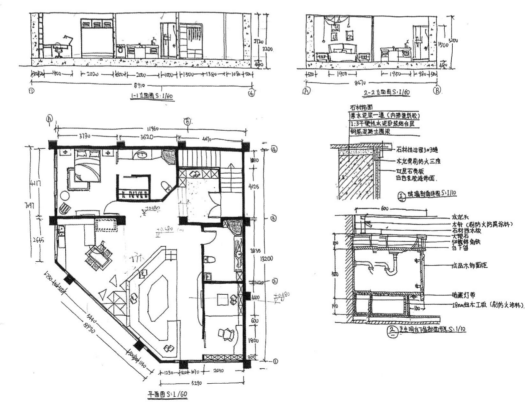

图 4-7 家居空间套题 2（高文华绘制）

北欧居住空间

本案例为北欧风格的居住空间设计。以青年为主体，满足青年一代多样的空间需求和空间布置形态。北欧风格的装饰能在节约成本的同时，以其独特的装饰体系和色彩风格平衡当代青年在消费与物质享受之间的取舍。

图 4-8 家居 （张朝伟绘制）

第三节 餐饮、办公空间室内快题方案设计

本案以绿色为主体色，几何形式的空间装置为表现主体贯穿于整个空间的构造当中。空间一改传统用餐的功能形态，集合休闲、阅读、娱乐等不同功能作为空间整合。既迎合时代的多元化需要，又为设计创新增添了更多可能。

图 4-9 餐饮空间效果图 （张朝伟绘制）

本案为面向青年群体的办公场所，旧有工业厂房改造为服务大众的办公空间，挑层设计保留旧有空间形态，空间规划满足办公、活动等不同功能。工业风格迎合当代青年追逐潮流，保留个性的审美趣味。

图 4-10 办公空间效果图（张朝伟绘制）

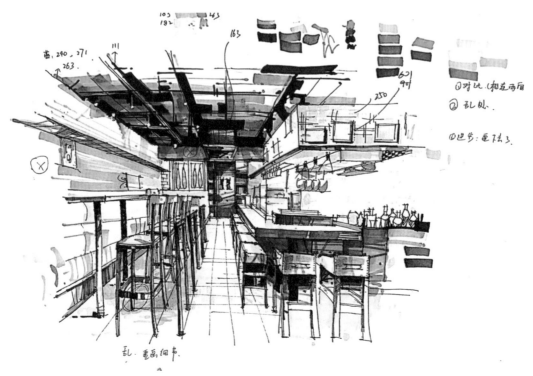

图 4-11 餐饮空间效果图（高文华绘制）

图 4-12 餐饮空间效果图 1（王清正绘制）

图 4-13 餐饮空间效果图 2（王清正绘制）

图 4-14 餐饮空间效果图 3（柳春松绘制）

图 4-15 餐饮空间效果图 4（柳春松绘制）

图 4-16 餐饮空间效果图 5 （柳春松绘制）

图 4-17 餐饮空间效果图 6 （柳春松绘制）

图 4-18 餐饮空间效果图 7（董琛绘制）

图 4-19 餐饮空间效果图 8（董琛绘制）

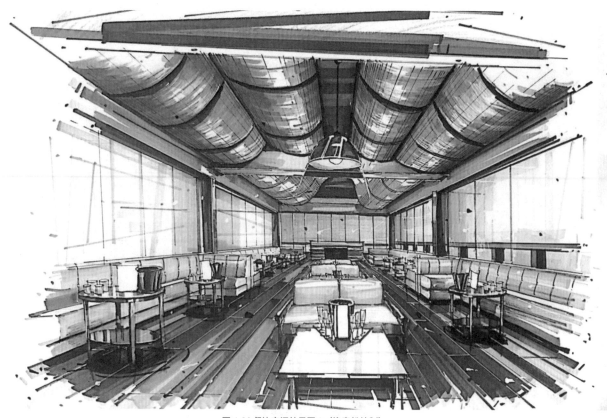

图 4-20 餐饮空间效果图 9（柳春松绘制）

图 4-21 餐饮空间效果图 10（董琛绘制）

图 4-22 餐饮空间效果图 11（董琛绘制）

图 4-23 餐饮空间效果图 12（顾静怡绘制）

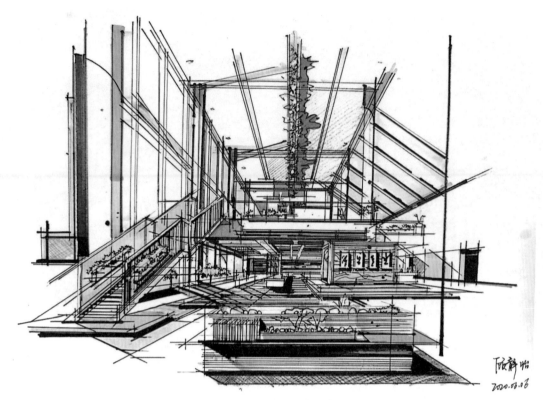

图 4-24 办公空间效果图 1（顾静怡绘制）

图 4-25 办公空间效果图 2（邓蒲兵绘制）

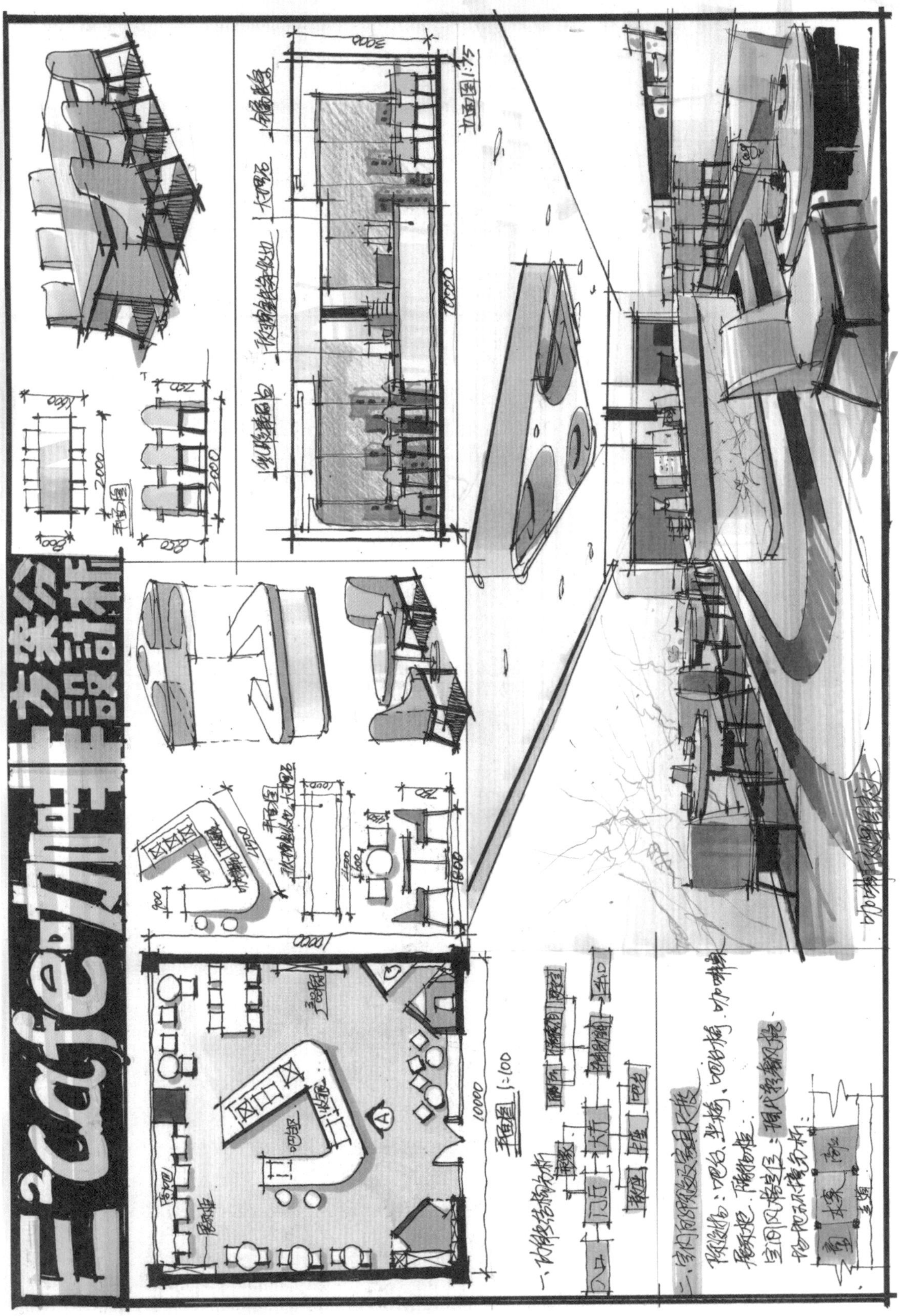

图 4-26 餐饮空间快题 1（王清正绘制）

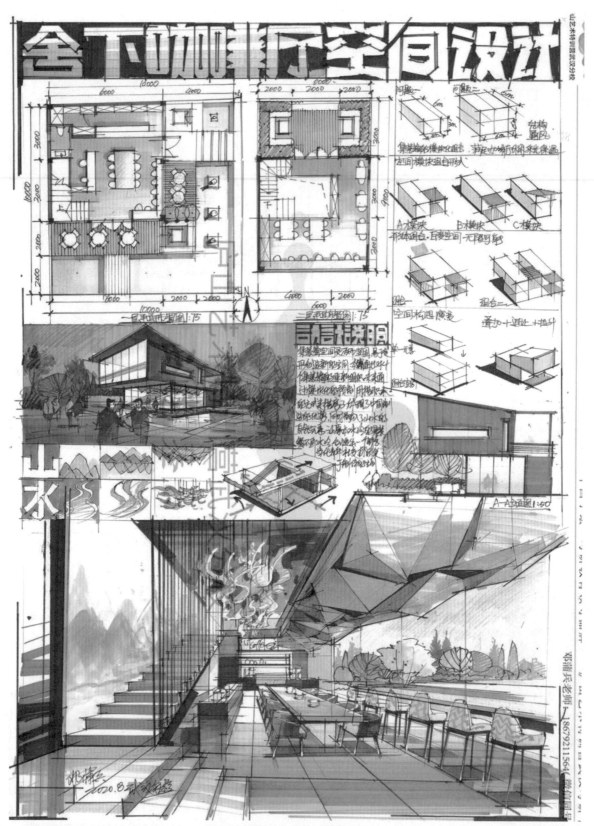

图 4-27 餐饮空间快题 2（邓蒲兵绘制）

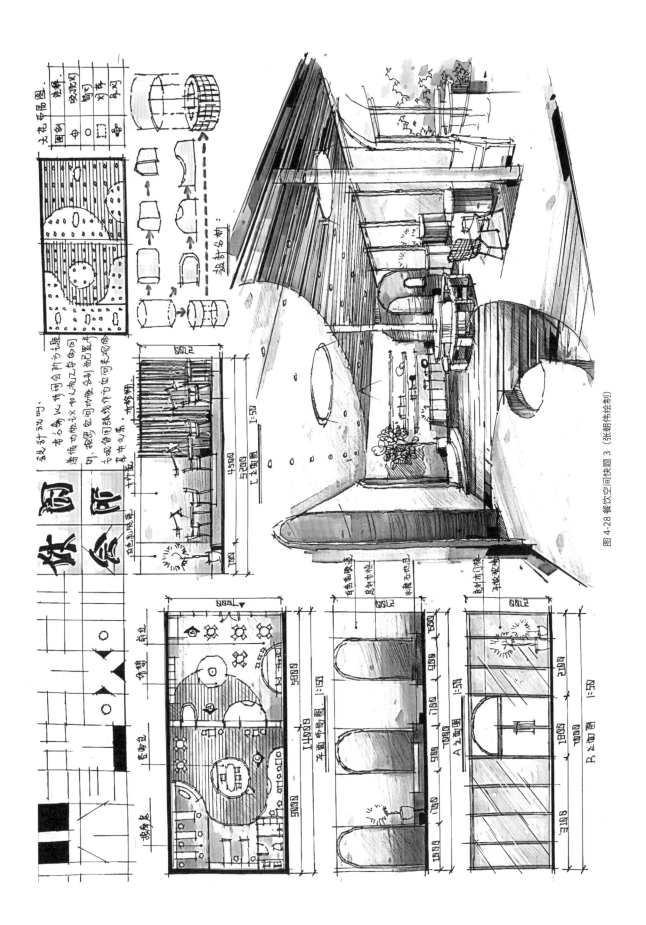

图 4-28 餐饮空间快题 3（张朝伟绘制）

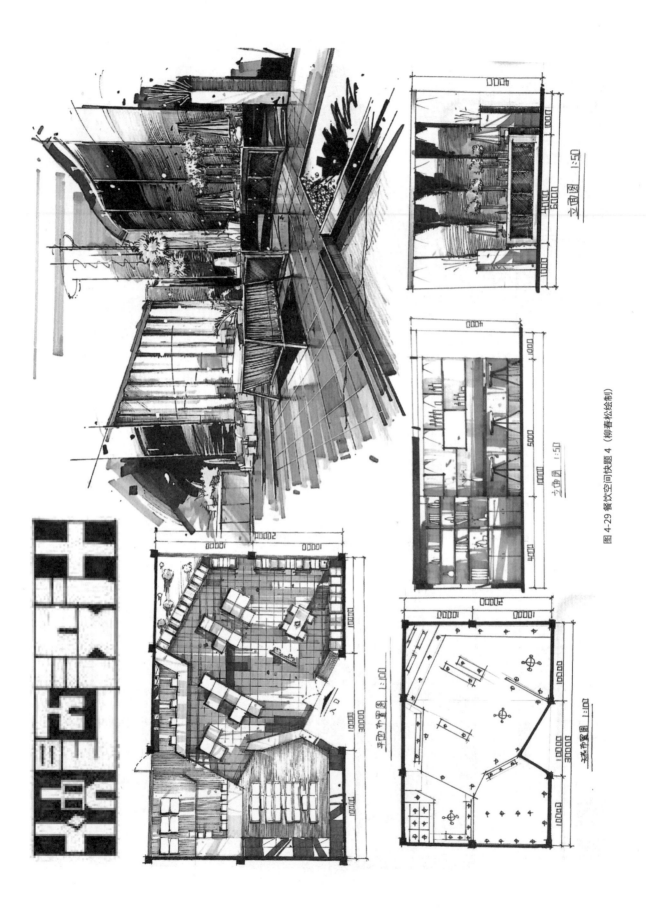

图 4-29 餐饮空间快题 4（柳春松绘制）

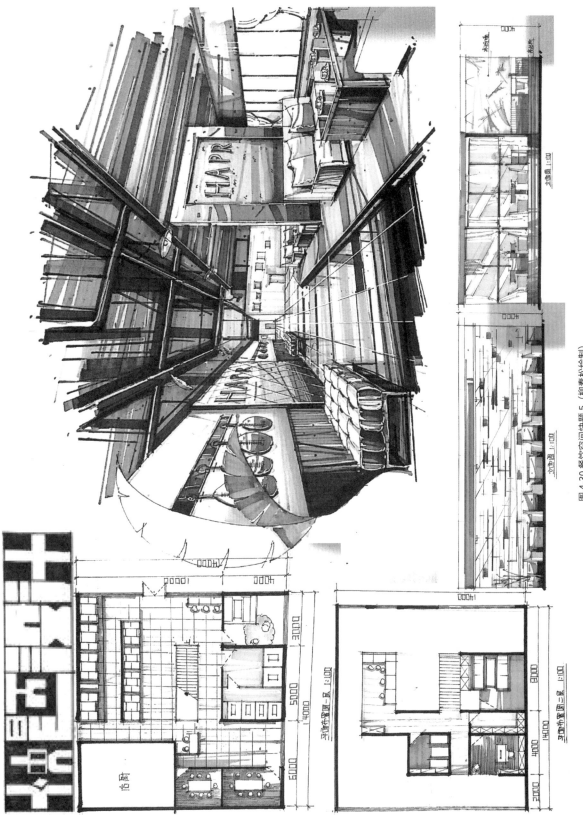

图 4-30 餐饮空间快题 5（柳春松绘制）

图 4-31 餐饮空间快题 6（柳春松绘制）

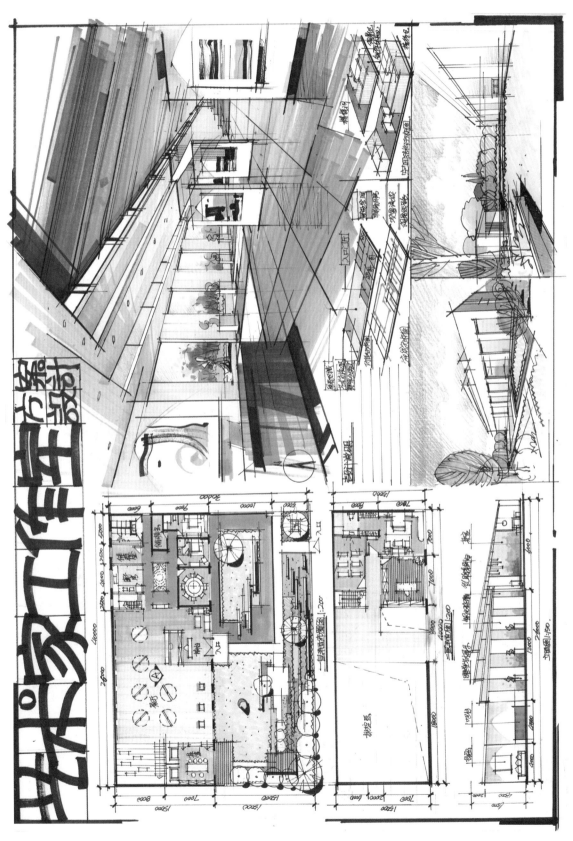

图 4-32 办公空间快题 1（王清正绘制）

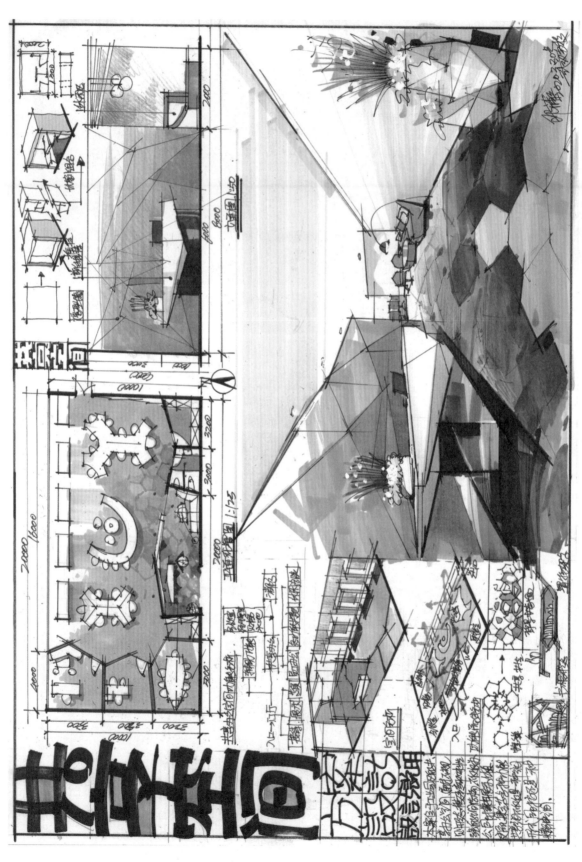

图 4-33 共享空间快题（王清正绘制）

第四节 展示空间室内快题方案设计

本案为售楼中心，空间依据客群流量和展示功能合理配置，保证空间尺度的合理化。在具体设计上采用木制形态装置作为空间主体，几何拼凑彰显现代美感的同时吸引更多消费者倾心于此。

图 4-34 售楼处效果图（张朝伟绘制）

本案例以青年群体为主的酒店大堂设计。该设计在以现代主义功能为主体的框架基础上，从天花板布置、墙面造型，到软装营造都增添了不同层次、不同侧重的装饰造型。不仅增添了空间档次，也迎合了当代的审美趣味。

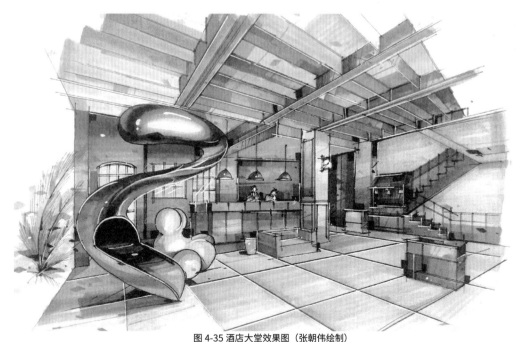

图 4-35 酒店大堂效果图（张朝伟绘制）

4-36 商业空间效果图 1（顾静怡绘制）

图 4-37 商业空间效果图 2（高文华绘制）

此为办公空间的设计方案。在设计语言表达方式上，以简洁的白色折线形态作为空间的主导元素，室内玻璃天窗增加了室内采光。天花造型以其简约的线条勾勒出兼富有节奏的共享立体空间。而空间里深色石材与浅色木材的序列排布，则以厚重感与轻盈白色天花顶的空灵相依存，轻盈且富有空间张力，进一步打造出空间的层次与韵律。玻璃窗边的景观区及软装艺术品的陈列，每一处都变成设计的诱导者，引人入胜。

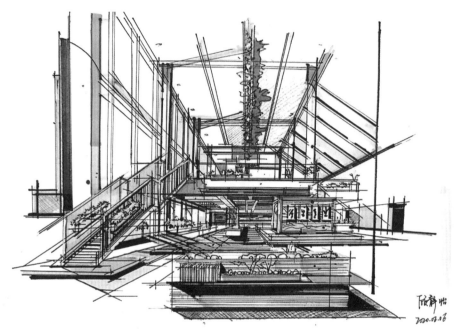

图 4-38 商业空间效果图 3（顾静怡绘制）

此为书吧空间的设计方案。空间绿植做引导，通过玻璃和透光石的配合，辅以木饰条纹的点缀。烤漆板与仿大理石砖的和谐搭配。现代艺术与人文气息交织，商业美学与生活质感相合。将人带入场景的互动中，沉浸在阅读的氛围中。

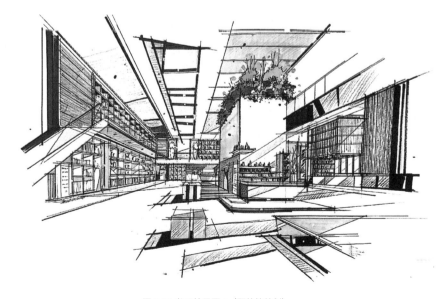

图 4-39 书吧效果图 1（顾静怡绘制）

整体配色以红、黄、蓝三原色为主，地面做了抬升自由休闲阅读区，整个空间灵活且具有功能性。每一个区域分散独立，在整体的联动上，通过空间的重叠，让每一个区域保持相连。

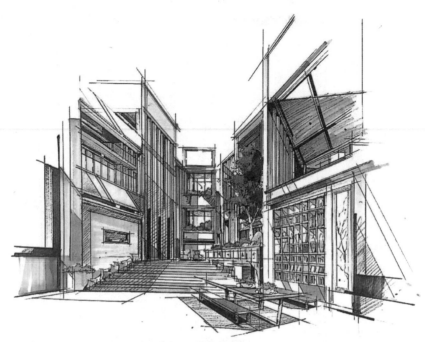

图 4-40 书吧效果图 2（顾静怡绘制）

此为书吧空间的设计方案，装修取材天然，以浅棕色木质为主调，及目之处，不失创意时尚。合理安排冷暖色的位置，整个室内空间色彩清新悦目。空间配之以交错陈列的书。灯光铺洒之下，仔细端详，优雅不凡的人文内涵、沉稳厚重的历史感扑面。

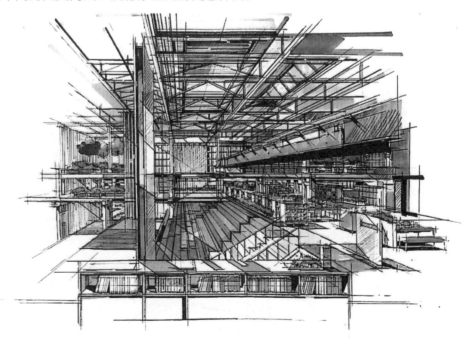

图 4-41 书吧效果图 3（顾静怡绘制）

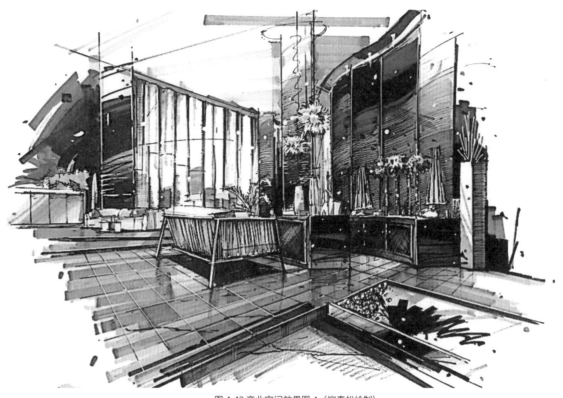

图 4-42 商业空间效果图 4（柳春松绘制）

图 4-43 商业空间效果图 5（柳春松绘制）

图 4-44 展示空间效果图（柳春松绘制）

图 4-45 商业空间效果图 6（柳春松绘制）

图 4-46 商业空间效果图 7（柳春松绘制）

图 4-47 商业空间效果图 8（柳春松绘制）

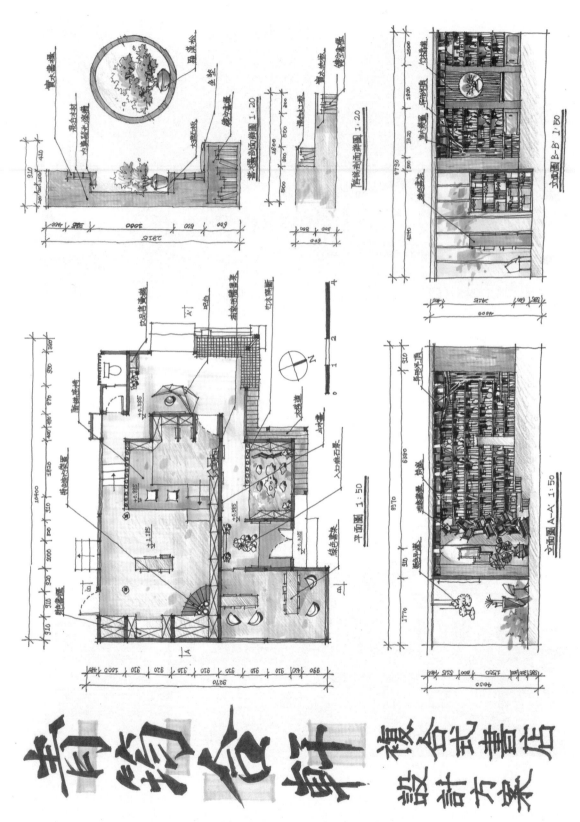

图 4-48 书屋快题 1（王清正绘制）

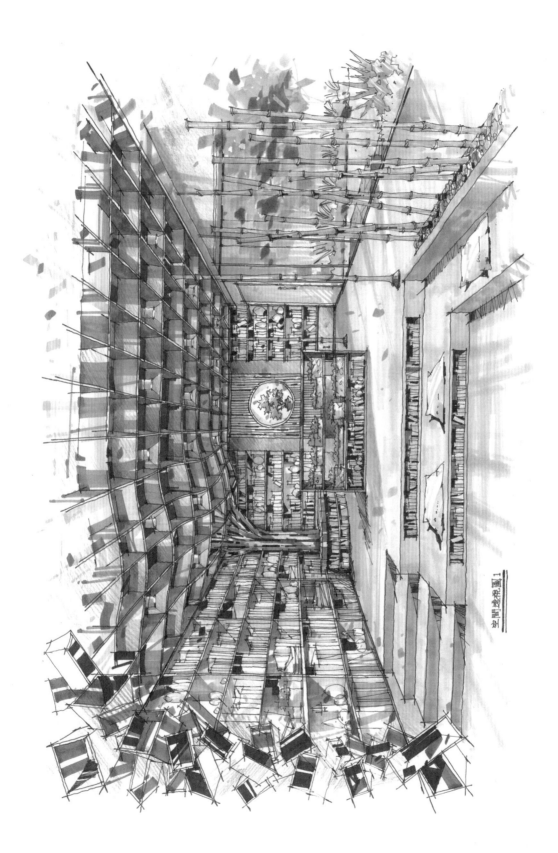

空间透视图1

图 4-49 书屋快题 2（王清正绘制）

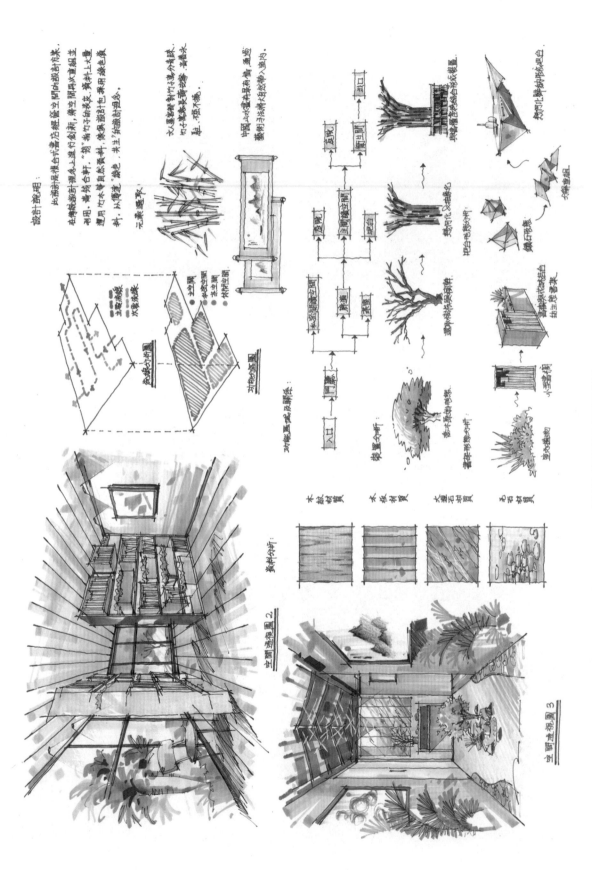

图 4-50 书屋快题 3（王清正绘制）

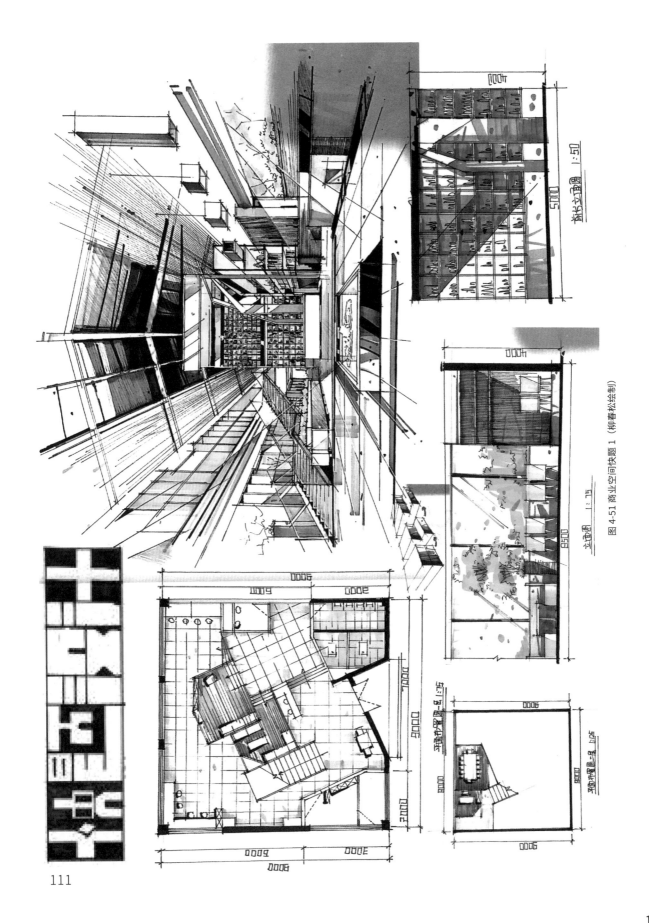

图4-51 商业空间快题1（柳春松绘制）

图 4-52 商业空间空间快题 2（柳春松绘制）

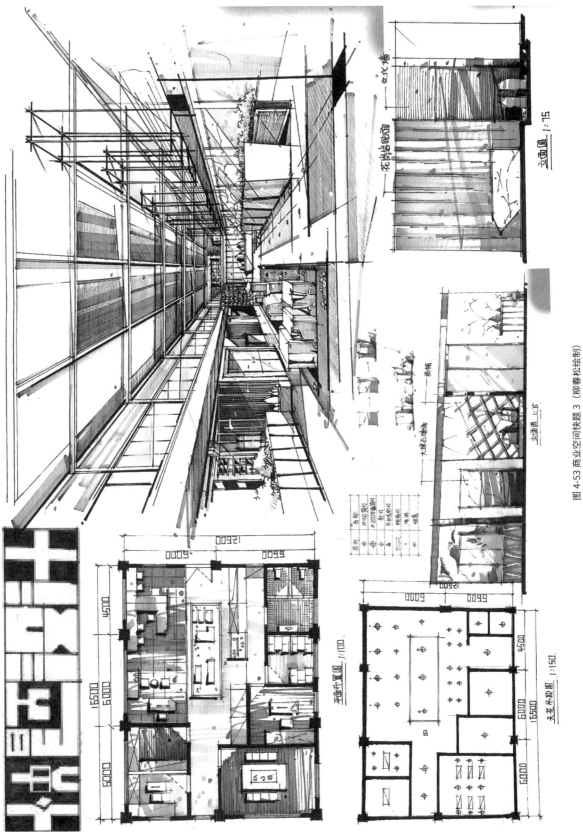

图 4-53 商业空间快题 3（柳春松绘制）